Владимир Георгиевич Соколов
Лариса Валерьевна Корси

Моделирование и прогнозирование солнечных циклов

AF153204

Владимир Георгиевич Соколов
Лариса Валерьевна Корси

Моделирование и прогнозирование солнечных циклов

Статистический анализ рядов Вольфа и расположения планет

LAP LAMBERT Academic Publishing

Impressum / Выходные данные

Bibliografische Information der Deutschen Nationalbibliothek: Die Deutsche Nationalbibliothek verzeichnet diese Publikation in der Deutschen Nationalbibliografie; detaillierte bibliografische Daten sind im Internet über http://dnb.d-nb.de abrufbar.

Библиографическая информация, изданная Немецкой Национальной Библиотекой. Немецкая Национальная Библиотека включает данную публикацию в Немецкий Книжный Каталог; с подробными библиографическими данными можно ознакомиться в Интернете по адресу http://dnb.d-nb.de.

Coverbild / Изображение на обложке предоставлено: www.ingimage.com

Verlag / Издатель:
LAP LAMBERT Academic Publishing
ist ein Imprint der / является торговой маркой
OmniScriptum GmbH & Co. KG
Heinrich-Böcking-Str. 6-8, 66121 Saarbrücken, Deutschland / Германия
Email / электронная почта: info@lap-publishing.com

Herstellung: siehe letzte Seite /
Напечатано: см. последнюю страницу
ISBN: 978-3-659-66444-1

Оглавление

1. Введение

Многолетние наблюдения за солнечными пятнами и их последующая статистическая обработка привели к открытию ряда феноменологических законов[1]:

- Швабе-Вольфа 1843 г. (11 летний цикл) [2];

- Шперера 1894 г. (динамика распределения пятен по широте) [3];

- Хэйла 1913 г. (магнитный цикл) [4].

Целью работы является статистическое доказательство еще одного закона, связывающего динамику планет с солнечной активностью. Настоящее исследование чисто феноменологическое и не вскрывает механизмы воздействия планет на Солнце.

Со времен Вольфа предпринимались многочисленные попытки связать солнечные циклы с расположением планет. Замечена близость основного периода солнечной активности к периоду обращения Юпитера, а векового цикла − к периоду обращения Урана. Находили и более сложные связи, но закономерности, найденные на одном временном интервале, превращались в свою противоположность на других. Многочисленные противники гипотезы планетной обусловленности солнечной активности одним из весомых аргументов считают вариабельность периодов солнечных циклов при стабильности периодов обращения планет. Средний период 22 года существенно отличается от периодов обращения планет. Вторая причина неприятия планетных гипотез − отсутствие известных механизмов воздействия таких малых и удаленных объектов на грандиозные солнечные явления. Кроме того, многие астрофизики усматривают в этой проблеме попытку приобщить «лженауку» астрологию к чистым наукам. Однако следует напомнить, что не так давно по подобным причинам не принимались работы А.Л. Чижевского.

Для успешного решения поставленной задачи возможен лишь один выход: найти такие законы, которые смогли бы объяснить все циклы, все осцилляции на всем временном интервале, где известны данные о солнечной активности. Это требует большого объема расчетов и создания новых методов статистической обработки и решения вариационных задач.

Настоящая работа посвящена анализу среднегодовых и среднемесячных данных солнечной активности и поиску статистических закономерностей, для создания эффективных методов аппроксимации рядов Вольфа и их прогнозирования. В результате были обнаружены новые статистические закономерности: осцилляции и циклы среднемесячных и среднегодовых данных тесно связаны с конфигурациями планетных пар. Причем это воздействие пар осуществляется не только аддитивно, но и мультипликативно.

Найденные статистические законы позволили создать математическую модель, использующую систему функций, связанных с гелиоцентрическими долготами планет. Эта модель воспроизводит ряд Вольфа с высокой точностью на интервале нескольких столетий и тысячелетий, и позволяет составлять долгосрочные прогнозы солнечной активности, геофизических, биологических и социальных явлений.

2. Анализ хэйловского цикла

Для анализа пятнообразовательной деятельности Солнца на протяженном интервале используется ряд чисел Вольфа составленный из следующих источников:

- XII–XV в. ряд экстремумов 11-летних циклов (ряд Шов [1]),
- XVI–XVIII в. ряд экстремумов 11-летних циклов [5],
- XVIII–XX в. цюрихские среднемесячные данные [1].

Ряд Вольфа имеет характерный вид полигармонического процесса. Для выделения скрытых периодичностей таких рядов применяется *гармонический анализ Фурье*. Однако полученный *спектр Фурье* не позволяет сопоставить гармоники с теми или иными физическими факторами. Этому мешают два обстоятельства:

- числа Вольфа одного знака,

❑ найденные Фурье гармоники для одного отрезка ряда Вольфа не сопоставляются с гармониками, выделенными на другом отрезке. Они зачастую противофазны, что на суммарном отрезке приводит к их исчезновению.

Поэтому для статистического анализа перейдем от ряда чисел Вольфа $W(t)$ к ряду $H(t)$, где в явном виде имитируется хэйловский цикл биполярных магнитных групп (БМГ) солнечных пятен. Аналогичные приемы были использованы в работе [6]. Помножим значения ряда Вольфа в нечетных циклах на –1:

$$H(t) = (-1)^N W(t), \qquad (1)$$

где N номер 11-летнего цикла в цюрихской нумерации. Максимумы нечетных циклов соответствуют минимумам функции $H(t)$, а четных циклов – максимумам функции (1). Используя данные о протяженности 11-летних циклов на интервале с 1500 г. по 1970 г. [5], рассчитаем среднестатистические данные хэйловского цикла:

$$T_{max}=26.3; \; T_{min}=20.1; \; T_H=22.1095; \quad T_{std}=1.6634 \text{ лет.} \quad (2)$$

T_H=22.1095 года – среднее значение протяженности хэйловского цикла.

Для дальнейшего анализа используем *методику синхронного детектирования*, предложенную в работе [7]. Она заключается в вычислении средних значений ряда Вольфа для одних и тех же значений гелиоцентрических координат планет на выбранном временном интервале. Усредним на интервале 1878–2000 гг. (13–22 циклов) среднемесячные значения функции $H(t)$ с одинаковыми значениями разности гелиоцентрических координат Юпитера и Сатурна $\varphi_{5,6}$. В результате получим функцию $\overline{H(\varphi_{5,6})}$, определенную на отрезке $(-\pi,\pi)$. Область определения функции $\overline{H(\varphi_{5,6})}$ разбивалась на 12 интервалов протяженности $\pi/6$. Все значения функции $H(t)$, попадающие в один интервал, усреднялись. В результате было получено 12 значений функции $\overline{H(\varphi_{5,6})}$. На *рис.1.* представлена зависимость $\overline{H(\varphi_{5,6})}$, полученная соединением плавной линией этих 12 значений. Как видно, кривая очень близка к синусоиде $\sin(\varphi_{5,6}-$

π /4). Близость к синусоиде подтверждает разложение функции $\overline{H(\varphi_{5,6})}$ в ряд Фурье, который дает наилучшее среднеквадратическое приближение $\overline{H(\varphi_{5,6})}$:

$$\overline{H(\varphi_{5,6})} = -5.85 + 83.31\sin(\varphi_{5,6} - 0.79) - 8.13\sin(2\varphi_{5,6} + 1.04) \,. \tag{3}$$

Как видно из соотношения (3) и *рис.1*, полученная функция $\overline{H(\varphi_{5,6})}$ близка к синусоиде, у которой постоянная составляющая и амплитуда второй гармоники на порядок меньше амплитуды первой гармоники. Фурье анализ показывает, что исследуемая функция в среднеквадратичном смысле отличается от синусоиды не более чем на 1%. Соотношение (3) с хорошей точностью можно записать в виде:

$$\overline{H(\varphi_{5,6})} = \pi\!\big/\!_{2}\, W_{13,22}\sin(\varphi_{5,6} - \pi\!\big/\!_{4}) \,, \tag{4}$$

где $W_{13,22} = \dfrac{1}{M}\sum\limits_{i=1}^{M}W_i$, W_i – среднемесячные значения чисел Вольфа на интервале с 13 по 22 циклы, M – число месяцев на этом интервале.

Введем полезное для дальнейшего рассмотрения обозначение:

$$S_{ij}\,(t) = sin(\varphi_{ij}\,(t) - \pi/4), \tag{5}$$

где $\varphi_{ij}\,(t)$ – разность гелиоцентрических долгот планет с номерами i, j (номера планет в порядке их удаленности от Солнца). $T_{ij} = (T_i^{-1} - T_j^{-1})^{-1}$, $\omega_{ij} = 2\pi/T_{ij}$ – период и частота смены конфигурации пары планет с сидерическими периодами обращения вокруг Солнца T_i и T_j.

Как будет показано в дальнейшем, наибольший вклад в солнечную активность вносят пары планет с отношением радиусов орбит, близким к 2:

- Сатурн–Юпитер,
- Нептун–Уран,
- Уран–Сатурн,
- Марс–Венера,
- Венера–Меркурий.

6

Закономерность вида (3) наблюдается и при сопоставлении конфигураций планет-гигантов со среднегодовыми данными. Это же явление имеет место при сопоставлении среднемесячных данных с конфигурациями планет земной группы. Однако эти закономерности не прослеживаются в ежедневных данных. Возможно, здесь мы имеем дело со сравнительно слабой детерминированной компонентой, скрытой случайным процессом. При усреднении данных за один или несколько оборотов Солнца в полной мере проявляются детерминированные закономерности.

Интересно отметить, что максимальное влияние пары планет Юпитер–Сатурн на солнечную активность осуществляется не во время их соединения или противостояния, и даже не при квадратурной конфигурации, что возможно интерпретировать с помощью приливного механизма, а во время полуквадратур. Обращает на себя внимание плавность действия планетного механизма на солнечный цикл. Механизм явно не взрывного характера. Происходит плавное изменение характера воздействия, что указывает на плавное изменение напряженности и полярности межпланетного магнитного поля.

3. Двухвековой цикл

3.1. Фазы вековых полуциклов

Теперь тем же самым методом выявим эту закономерность в XIX веке (5–11 циклы). В результате получаем (*Рис.1*, нижняя линия):

$$\overline{H(\varphi_{5,6})} = -5.44 - 52.30\sin(\varphi_{5,6} - 0.71) + 10.79\sin(2\varphi_{5,6} - 1.21), \qquad (6)$$

и наиболее существенная часть этого выражения:

$$\overline{H(\varphi_{5,6})} = -\frac{\pi}{2}W_{5,11}\sin(\varphi_{5,6} - \frac{\pi}{4}), \qquad (7)$$

где $W_{5,11}$ среднее значение чисел Вольфа, на интервале с 5 по 11 циклы.

Формулы (4) и (7) похожи, но отличаются знаком. То есть, если в XX веке действовал один механизм, то в XIX веке – другой. Как в XX, так и в XIX веках

7

экстремумы располагаются в точках полуквадратур, но знаки четных и нечетных циклов как бы поменялись. Смена закономерности XIX в. (формула 7) при переходе к XX в. (формула 4) *указывает на существование двухвекового цикла, обусловленного мультипликативным влиянием Урана и Нептуна.* В результате, как будет показано, закон Хэйла не претерпевает изменений, т.е. всегда имеет место соотношение (1) и полярность БМГ зависит от четности номера в цюрихской нумерации. Имеющиеся в нашем распоряжении солнечные данные позволяют проверить, сохранялся ли двухвековой цикл изменения знака формул (4), (7) в прошлом. Проследим характерные черты протяженных циклов вплоть до начала XII века. Для этого построим две функции:

$$R_1(t_{max2N-1}) = \sin(\varphi_{56}(t_{max2N-1}) - \pi/4) \quad \text{для нечетных циклов,} \qquad (8)$$

$$R_2(t_{max2N}) = \sin(\varphi_{56}(t_{max2N}) - \pi/4) \quad \text{для четных циклов,} \qquad (9)$$

где область определения этих функций $t_{max2N-1}$, t_{max2N} — даты нечетных и четных максимумов 11-летних циклов (цюрихская нумерация циклов). На *рис.2* приведены функции R_1 (сплошная линия), R_2 (линия с точками). Когда значения функций R_1, R_2 равны +1,-1 это означает, что положения максимумов 11-летних циклов совпадают с полуквадратурами планетных пар. Функции R_1 и R_2 на рассматриваемом интервале XII–XX вв. достаточно близки к меандру +1, -1 с периодом ~ 200 лет, что говорит о том, что 11-летние экстремумы рядов Вольфа, подчиняются закону изменения знака (4), (7), и продолжительность циклов близка к 20 годам. Непродолжительные переходные эпохи в начале каждого века, указывают на узлы двухвекового цикла. На *рис.2* эти эпохи отмечены пересечением функций R_1 и R_2.

Таблица 1. Продолжительность вековых и двухвековых циклов.

Века		XII	XIII	XIV	XV	XVI	XVII	XVIII	XIX	XX
Продолжительность вековых циклов		101	92	100	93	109	92	98	92	110
Номера двухвековых циклов		Первый		Второй		Третий		Четвертый		Начало пятого

Протяженность двухвековых циклов	193		193		201		190		
Среднее значение двухвековых циклов	$T_C = 194.25$								
Переходные эпохи	1125	1226	1318	1418	1511	1620	1712	1810	1902

В соответствии с *таблицей 1* и *рис.2*, смена закономерности (4) на (7) происходит примерно раз в сто лет в переходные эпохи. Каждый двухвековой цикл 194.25 лет делится на два вековых цикла разной продолжительности (в среднем 102 г. и 92.25 г.).

Как и при расчете хэйловского цикла, форму (7) умножаем на знакопеременный сомножитель векового цикла (10) получим, что не только в XX веке, но и в более ранние эпохи (вплоть до XII века) сохраняется хэйловская закономерность. Всегда, даже в переходные эпохи в 11-летних циклах с нечетными номерами в северном полушарии головные пятна имеют магнитное поле северной полярности, а в южном – южной полярности. Слабые фоновые магнитные поля в северных полярных шапках в эпоху максимума нечетного цикла приобретают северную полярность.

3.2. Амплитуды вековых полуциклов

Двухвековой цикл проявляется при детальном рассмотрении амплитуд максимумов 11-летних циклов. На *рис.3а* точками отмечены максимумы 11-летних циклов. Начало каждого столетия характеризуется ростом функции $W_{max}(t)$, а конец – уменьшением амплитуд. Границы столетий – нули столетнего полуцикла. Характер зависимости на интервале XIX–XX веков подобен картине XVII–XVIII веков, и XVI век очень напоминает XX век.

Сплошной линией построена огибающая, синусоида с периодом 200 лет, приподнятая на константу. Эта линия подчеркивает двухвековую зависимость. Этот способ позволяет отметить, что не только протяженность полуциклов разная, но и существенно отличаются их амплитуды, представленные в числах Вольфа (в среднем 200 лет и 140лет).

На основании проведенных исследований можно утверждать, что, подобно 22-летнему циклу смены полярности магнитного поля биполярных магнитных групп (БМГ), имеет место двухвековой цикл, осуществляющий модуляцию знака и амплитуды функции $S_{56}(t)$.

В первом приближении этот процесс можно представить в виде:

$$H(t) = \pi/2 \; W_{5,22}(S_{78}(t)+a)S_{56}(t), \qquad a = 0.175. \quad (10)$$

Соотношение (10) удовлетворительно аппроксимирует ряд Вольфа в XIX и большей части XX века. В формулу (10) функции $S_{78}(t)$ и $S_{56}(t)$ входят и как слагаемые, и как сомножители. Эта формула содержит 3 периодичности с периодами:

$$T_{56} = 19.86 \text{ года}; \; T_{+56} = (T_{56}^{-1}+T_{78}^{-1})^{-1} = 17.79 \text{ года};$$

$$T_{-56} = (T_{56}^{-1}-T_{78}^{-1})^{-1} = 22.46 \text{ года}. \qquad (11)$$

Сопоставляя соотношения (11) и (2), заметим, что период низкочастотной компоненты лежит в пределах флуктуаций хэйловского периода, но он не совпадает с его средним значением.

Закон планетных пар:

Солнечная активность управляется конфигурациями планетных пар. В системе 2-х планет функция H(t) пропорциональна $S_{ij}(t)$. Для нескольких пар кроме суммарного (аддитивного) имеет место каскадное (мультипликативное) действие, заключающееся в том, что периферийные планетные пары осуществляют модуляцию воздействия центральных планетных пар на солнечную активность.

$$H(t) \sim \Sigma A_{ij} \, S_{ij}(t) + \Sigma B_{ijkl} \, S_{kl}(t)S_{ij}(t),$$

A_{ij}, B_{ijkl} – весовые коэффициенты.

Соотношение $H(t) \sim S_{kl}(t)S_{ij}(t)$ можно записать в виде суммы тригонометрических функций разностных и суммарных частот. Низкочастотные биения наиболее важны для воспроизведения функции $H(t)$. Так, в системе планет-гигантов определенный вклад в формирование хэйловского цикла вносит слагаемое, содержащее суммарную частоту, но наибольшее значение имеет разностная компонента $sin(\varphi_{56} - \varphi_{78} - \pi/4)$.

Наибольшее влияние оказывают пары с отношением радиусов орбит близким к 2.

4. Тысячелетний цикл

Отличие периода двухвекового цикла от T_{78}, так же как отличие хэйловского периода от T_{56}, свидетельствует о существовании протяженной многовековой периодичности. Эта периодичность на *рис.3а* отмечена жирной линией, она имеет минимум в окрестности 1650 года. Уточним продолжительность тысячелетнего цикла T_X по средним значениям хэйловского и двухвекового циклов. Считаем, что тысячелетний цикл обусловлен внешними транснептуновыми планетами пояса Койпера, получим уравнение:

$$T_C^{-1} = T_{78}^{-1} - T_X^{-1}. \qquad (12)$$

С учетом данных (*таб. 1*) средней продолжительности двухвекового цикла T_C получим протяженность тысячелетнего цикла:

$$T_X = 1450 \text{ лет.} \qquad (13)$$

Другое уравнение для независимого определения T_X с учетом T_H из соотношения (2):

$$T_H^{-1} = T_{56}^{-1} - T_{DC}^{-1} = T_{56}^{-1} - (T_{78}^{-1} - T_X^{-1}) \qquad \text{результат: } T_X = 1405 \text{ лет.} \qquad (14)$$

Среднее значение продолжительности тысячелетнего цикла по данным (13) и (14):

$$T_M = 1427 \text{ лет.} \qquad (15)$$

Вклад тысячелетнего цикла в солнечную активность представлен в формуле (22): тысячелетний цикл изменяет фазу двухвекового цикла.

5. Полувековые осцилляции

На *рис.3* видно, что каждый максимум векового цикла имеет впадину. Это явление можно связать с действием еще одной планетной пары: Уран–Сатурн. Отношение радиусов орбит этих планет близко к 2. Эта пара не приводит к еще одному циклу, изменяющему фазу соотношения (7). Об этом можно судить по *рисунку 2*. Но эта пара создает осцилляции амплитуд 11-летних максимумов.

На *рис.3б* приведено произведение двухвекового цикла и функции S_{67}. Как видно из сравнения *рис.3а* и *3б*, даты минимумов удовлетворительно совпадают. Средний период полувековых осцилляций вычисляется по формуле:

$$T_L = (T_{67}^{-1} - (T_{78}^{-1} - T_M^{-1}))^{-1} = 59.13 \text{ лет.} \tag{16}$$

Вклад полувековых осцилляций в солнечную активность представлен в формуле (22). Осцилляции не изменяют фазы хэйловского и вековых циклов, но изменяют амплитуду вековых полуциклов.

6. Фурье анализ

Гармонический анализ является эффективным средством обнаружения периодичностей осциллирующих временных рядов. Предварительный анализ показал, что ряд Вольфа содержит квазигармонический процесс с периодом близким к хэйловскому, и Фурье анализ функции *H(t)* позволяет определить амплитуду этой периодичности на временных интервалах протяженностью менее века.

При исследовании процесса протяженностью несколько более столетия следует учитывать, что тысячелетний цикл изменяет фазу векового цикла, и потому следует рассматривать функцию:

$$H_1(t) = (-1)^M H(t), \tag{17}$$

где *M* – номер столетия (см. *таб. 1*). Функция $H_1(t)$ не содержит противофазных участков 22-летней гармоники, по крайней мере, на тысячелетнем интервале.

На *рис.4* приведен спектр Фурье функции $H_1(t)$. На временном интервале от 1090 г. до наших дней определим амплитуды ритмических процессов функции $H_1(t)$ с помощью Фурье анализа. Для того чтобы учесть все известные нам циклические процессы солнечной активности, возьмем 1-ую гармонику с периодом $T_X = 1427$ *лет*. Для воспроизведения хэйловского цикла необходимо 72 гармоники, период старшей гармоники *19.86 лет*. Как и следовало ожидать, в спектре Фурье функции $H_1(t)$ наиболее заметен хэйловский цикл. На интервале *19.9–26* лет имеется 3 области высоких амплитуд гармоник с периодами близкими к *19.9, 22.2,* и *24.8* годам. Наличие трех областей указывает на модуляцию высокочастотного хэйловского процесса вековыми циклами. В этих областях высоких амплитуд наблюдается значительная изрезанность, свидетельствующая о существовании еще более низкочастотного (тысячелетнего) процесса.

В спектре (*рис.6*) наблюдаются полувековые осцилляции, максимум которых лежит в окрестности 60 лет. Кроме того, процесс с периодом T_{67} проявляет себя в спектральных линиях около 35 лет (биения T_{56} и T_{67}).

Вековой цикл проявляется на отрезке *150–200 лет*. Видна спектральная линия T_{78}= *170* лет и два ее сателлита *150 и 220 лет* (биения с тысячелетним циклом).

Тысячелетний цикл заметен в окрестности основной частоты *1427* лет.

В спектре Фурье функции $H_1(t)$ заметны периоды смены конфигураций планетных пар. В то же время, нельзя сказать, что функция $H_1(t)$ представляет только сумму нескольких гармонических процессов. Существенную роль играют нелинейные процессы, проявляющие себя в виде биений – результат произведения гармонических процессов. Тысячелетний цикл проявляет себя и как самостоятельный процесс, и в виде многочисленных биений, формирующих сателлиты высокочастотных гармоник.

7. Простейшая планетная модель солнечной активности

Определены 4 основных периодических процесса (T_H, T_L, T_C, T_M), участвующие в формировании функции $H(t)$, аппроксимирующей ряд Вольфа. Построим модель, основанную на статистическом законе, учитывающую 4 периодичности. Модель представляет собой аналитическую функцию, аргументами которой являются гелиоцентрические долготы планет. Остается только оптимально подобрать три весовых коэффициента, a_{50}, a_{200}, a_{1000}:

$$C(t) = \sin(\varphi_{78}(t) - \varphi_M(t) - \pi/4). \qquad (18)$$

То же самое можно сказать об 11-летнем цикле, определяемом:

$$h(t) = \sin[\varphi_{56}(t) - (\varphi_{78}(t) - \varphi_M(t)) - \pi/4], \qquad (19)$$

и 50-летними осцилляциями:

$$L(t) = \sin[\varphi_{67}(t) - (\varphi_{78}(t) - \varphi_M(t)) - \pi/4] \qquad (20)$$

Учитывая зависимость тысячелетнего цикла, приведенную на *рис.3*, получим:

$$M(t) = \sin(\varphi_M(t) - \pi/4), \quad \text{где } \varphi_M = 2\pi t/T_M - 0.62. \qquad (21)$$

Как было выяснено ранее, вековой цикл кроме амплитудной модуляции, осуществляет фазовую манипуляцию высокочастотного процесса:

$$H(t) = \pi W_{-32,23}/2\, h(t)\, [1 - a_{50}L(t)]\, [a_{200} + C(t)]\, [1 + a_{1000}M(t)], \qquad (22)$$

где $a_{50} = -0.255$, $a_{200} = 0.176$, $a_{1000} = 0.43$.

Функция (22) принимает во внимание только четыре основных сомножителя, но результат аппроксимации ряда Вольфа *(рис.5)* получается удовлетворительным. *Рис.5* показывает, что на всем рассматриваемом интервале с XV века до наших дней эпохи минимумов воспроизведены правильно. Амплитуды в XIX, XX и начавшемся XXI веке воспроизведены практически идеально. Удовлетворительно – в XVI и большей части XVIII веков. Хорошо воспроизведены минимумы Шпёрера и Маундера, но эпохи, предшествующие этим минимумам, значительно отличаются по амплитуде от аппроксимируемой функции. Среднеквадратичное отклонение от истинных дат расчетных максимумов, $\sigma_{max} = 1.3\,года$ и минимумов равно $\sigma_{min} = 1.1\ года$. Среднеквадратичное отклонение истинных амплитуд 11-летних циклов от расчетных $\sigma_A = 28.4$. Наибольшее отклонение имеет место в конце XVIII века при воспроизведении 4-го цикла.

Таким образом, планетная модель, учитывающая действие четырех планетных пар, позволяет построить удовлетворительную картину солнечной активности на 600-летнем интервале. Посмотрим, насколько можно улучшить качество аппроксимации, учитывая воздействие всех планетных пар и всех биений как разностных, так и суммарных.

8. Оптимальная планетная аддитивно – мультипликативная модель динамики солнечной активности

Фурье анализ и статистические исследования показали, что наряду с периодами T_H, T_L, T_C, T_M (на базе которых построена простейшая модель), определенную роль играют гармоники с периодами T_{56}, T_{67}, T_{78}, и их всевозможные биения, в том числе и высокочастотные. Учет всех этих периодичностей позволяет построить более совершенную модель солнечной активности.

Хотя из четырех планет можно составить 6 пар, учитывая ограничения на соотношение радиусов орбит, остановимся только на 3-х парах (56, 67, 78). Кроме того, необходимо учесть тысячелетний цикл с периодом T_x. Всего рассматриваются $K_1=4$ монохроматических процесса. Они могут непосредственно воздействовать на солнечные процессы, но могут включаться в последовательные пары (число таких пар $K_2=C_4^2=6$), тройки ($K_3=C_4^3=4$) и последовательную цепь из всех пар $K_4=1$. Общее число возможных комбинаций пар в системе $L=K_1+K_2+K_3+K_4=15$. При перемножении двух гармонических процессов получим сумму двух гармоник с разностной и суммарной частотой. Число биений $B_2=2K_2$. Для трех имеем уже 4 частоты и соответственно $B_3=4K_3$. $B_4=8K_4$. Всего разных частот биений $F=K_1+B_2+B_3+B_4=40$. Конечно, не все они в равной степени влияют на солнечную активность. Для того чтобы определить амплитуду гармоники каждой комбинационной частоты, решим задачу аппроксимации.

Семейство частот различных биений обозначим $\{\Omega_{klmn}\}$. Частоты Ω_{klmn} этого семейства вычисляются по формуле:

$$\Omega_{klmn}=k\omega_{56}+l\omega_{67}+m\omega_{78}+n\omega_M \quad k, l, m, n \in (-1, 0, 1) \qquad (23)$$

Соотношение (23) определяет 81 частоту Ω_{klmn}. Далее рассматриваются только положительные частоты. Таких чисел 40. Обозначим их $\Omega_1, ... \Omega_j, .. \Omega_{40}$ (причем $\Omega_{j+1} < \Omega_j$). Модель представим в виде полинома:

$$R(t) = c_0 + \sum_{j=1}^{40} a_j \cos\Omega_j t + b_j \sin\Omega_j t \qquad (24)$$

где c_o, a_j, b_j – искомые коэффициенты линейной формы, минимизирующие функционал:

$$V(c_0,a_j,b_j) = \int_{t_{min}}^{t_{max}} (R(t) - H(t))^2 \, dt \qquad (25)$$

Оптимизация квадратичной формы (25) достигается решением системы линейных уравнений:

$$\frac{\partial}{\partial(c_0,a_j,b_j)} V(c_0,a_j,b_j) = 0 \qquad (26)$$

Система (26) содержит 81 линейное уравнение с 81 неизвестным, т.е. меньше, чем в Фурье разложении, но больше, чем в простейшей аппроксимации. Решение системы единственное, при котором достигается минимум квадратичной формы (25). Система тригонометрических функций, аргументы которых равны разности гелиоцентрических координат планет, не является полной, так как формула (24) в отличие от Фурье разложения, не содержит кратные частоты, но так как она основана на собственных функциях процесса, это позволяет построить качественную модель этого физического процесса.

Функции $W(t)$ и $|R(t)|$ на 200 летнем отрезке и соответствующее решение системы (26) приведены на *рис.6.* Хорошо воспроизведены минимумы *200-летнего* цикла в начале XIX и XX веков и максимумы в середине XIX и XX веков. Минимальная величина целевой функции (25) сама по себе не является информативной. Важнее оценить отличия аргументов экстремумов функций $W(t)$ и $|R(t)|$ и амплитуд максимумов. Среднеквадратичные отклонения аргументов минимумов $\sigma_{min}=0.56$ *года*, максимумов $\sigma_{max}=1.08$ года, амплитуд максимумов $\sigma_A=18.7$. Столь высокая точность аппроксимации на интервале XIX, XX и начала XXI веков *(рис.6,* сплошная линия), говорит о том, что построенная система функций (24) описывает реальный физический процесс.

На *рис.7* представлен ряд Вольфа на тысячелетнем интервале. Результат планетной модели – функция $R(t)$ хорошо воспроизводит минимумы: 1200–1300гг., минимум Шпёрера (с 1420 по 1500 гг.) и Маундера (1645–1720 гг.).

Эти минимумы прослеживаются на кривой изменения концентрации изотопа углерода C^{14} в годовых кольцах деревьев, в китайских летописях и записях о полярных сияниях [8]. Интересно, что в функции $R(t)$ появились некоторые подробности, которые в действительности, по-видимому, имели место, но не отмечены аппроксимируемой функцией по причине отсутствия систематических наблюдений Солнца. Так, Кассини и Флемстид наблюдали отдельные пятна на Солнце во время минимума Маундера в 1671, 1676, 1684 и 1705 гг. Построенная аппроксимация имеет ряд небольших максимумов W<50 на границе XVII и XVIII веков.

Хорошо воспроизведены вековые максимумы начала XII, конца XIV и конца XVI веков, известные по радиоактивному изотопу углерода. Погрешности наступления эпох минимумов и максимумов и амплитуд максимумов на *рис. 8* оцениваются: $\sigma_{min}=1.43$ *года*, $\sigma_{max}=1.47$ *года*, $\sigma_A=31.1$.

В полученном спектре (*рис.8*), в отличие от ряда Фурье, меньше шума, значимые гармоники сконцентрированы и хорошо видны хэйловский, вековой, тысячелетний циклы и полувековая осцилляция. Спектр характеризуется двумя большими амплитудами, ответственными за хэйловский цикл. Одна – с периодом T_{56}, другая – результат низкочастотного биения с вековым циклом. Высокочастотный сателлит значительно (в 3 раза) подавлен. Хорошо видна полувековая осцилляция в окрестности T_{67} и низкочастотный сателлит T_{56} – результат биений с T_{67}. Наблюдается также вековой цикл с сателлитами и тысячелетний цикл.

Спектр, представленный на *рис.8*, в общих чертах сохраняет закономерности, отмеченные в спектре *рис.6*. Здесь вековой цикл просматривается вместе с двумя сателлитами, в то время как на непротяженном интервале анализа (200 лет) больше проявляют себя полувековые осцилляции, обеспечивающие точность воспроизведения амплитуд ряда Вольфа.

9. Аналитическое продолжение

9.1. Сопоставление с рядом Шов

Воспользовавшись коэффициентами c_o, a_j, b_j, определенными при решении задачи аппроксимации на интервале с 1090 по 2009 годы (*рис 8*), по формуле (24) построим аналитическое продолжение ряда Вольфа на интервале 0–1090 гг. Результаты представлены на *рис.9*. Непосредственно сравнить кривую *рис.9* с таблицей Шов [1] затруднительно. Во-первых, таблица содержит много лакун, во-вторых, в ней содержатся только даты предполагаемых минимумов и максимумов с погрешностью 3–5 лет. Амплитуды максимумов приведены не в числах Вольфа, а им дается только словесная оценка со значительной погрешностью по числам Вольфа. Тем не менее, даты многих больших максимумов (W>100), по-видимому, соответствуют действительности. На *рис.9* приведены значения максимумов ряда Шов с окрестностями, соответствующими статистическим погрешностям положения максимума. Остальные данные менее достоверны из-за низких амплитуд, которые проблематично оценить по полярным сияниям.

Китайские летописи [8] отметили, и наши расчеты подтвердили высокую активность Солнца в 28 году н.э., 188 г. н.э., 352 г.н.э., 579 г.н.э. В летописи не отмечены пятна на интервале 600–800 г.н.э. Это событие видно из наших расчетов, но оно не столь протяженное и проявляет себя на интервале с 630 по 740 гг. В ряде Шов интервал тот же, что в наших расчетах. Протяженная эпоха низкой солнечной активности в эти годы подтверждается данными по концентрации C^{14}. Результаты сопоставления с имеющимися историческими свидетельствами можно считать удовлетворительными.

9.2. Прогнозирование рядов Вольфа

Современное состояние методов прогнозов солнечной активности представлено в работе [9]. В списке литературы этой работы приведены более 200 источников. Каковы успехи в этой области? Только 2 работы позволили предсказать амплитуду 24-го цикла с приемлемой точностью. Речь не идет о каких-либо более подробных среднесрочных прогнозах, тем более о 25-ом и последующих циклах.

Что касается более долгосрочных прогнозов, то следует заметить, что метод прогноза, предложенный Кимурой [10, 11] в начале прошлого века практически основывается на соотношении близком к (24). Неудовлетворительное качество его прогноза объясняется произвольностью выбора частот и фаз гармоник. В нашем случае частоты гармоник выбраны на основе статистических законов солнечной активности, а амплитуды являются решением системы уравнений (26) на тысячелетнем интервале.

Аналитическая функция (24) позволяет рассчитать ее значения на несколько лет вперед. На *рис.10* представлен прогноз солнечной активности на ближайшие 500 лет с 24 по 67 одиннадцатилетние циклы. Среднегодовые данные прошлых лет отмечены столбиками. Ближайший 24-ый максимум 11-летнего цикла в 2013 г. и его оценка в числах Вольфа ~ 60. В целом XXI век, как и все последующие нечетные столетия, характеризуется сравнительно невысоким уровнем солнечной активности. В четные века активность будет на уровне XX века и выше. Впрочем, эта закономерность прослеживается на протяжении последних двух тысячелетий (см. *рис.5, 6, 7*). Прогностическая кривая имеет ряд протяженных минимумов, подобных минимуму Маундера. Ближайший минимум ожидается в конце XXI века.

10.   Планеты земной группы и среднемесячные данные

Среднемесячные данные имеют значительные флуктуации по амплитуде, но эти колебания, как правило, не содержат ежемесячных скачков, и имеют участки непрерывности. Это свидетельствует о периодических процессах с периодами от нескольких месяцев до нескольких лет. Гармонический анализ позволяет найти собственные частоты среднемесячных рядов и сопоставить их с периодами смены конфигураций планетных пар. Выяснено, что аддитивные и мультипликативные статистические законы применимы к месячным осцилляциям чисел Вольфа. Хотя планеты земной группы меньше газовых гигантов, их влияние на солнечную активность существенно. Осцилляции в максимуме 11-летнего цикла составляют 30–50%.

Аддитивно-мультипликативная модель позволяет построить качественную аппроксимацию среднемесячных данных на протяжении нескольких 11-летних циклов. Представляет интерес применить модель для долгосрочного прогноза солнечной активности, с шагом в один месяц осцилляции.

11. Осцилляции среднемесячных данных

В настоящее время известны ежедневные, среднемесячные и среднегодовые ряды Вольфа на интервале несколько сотен лет.

Среднемесячные солнечные данные занимают промежуточное положение между ежедневными и среднегодовыми рядами Вольфа. Ряд среднемесячных чисел Вольфа может рассматриваться как непрерывная функция, обладающая гладкостью на отдельных отрезках, протяженностью от нескольких месяцев до нескольких лет. Это позволяет предположить полигармоническую природу среднемесячного ряда Вольфа. Воспользуемся двумя рядами среднемесячных данных.

- Цюрихский ряд с 1749 по 1971 гг. [1].   (1)

- Североамериканские данные с 1945 по 2009 гг.[12]   (2)

Среднемесячные данные являются суммой двух слагаемых. Первое – среднегодовые данные. Второе слагаемое – собственные среднемесячные осцилляции. Второе слагаемое сильно отличается по амплитуде в эпохи максимумов и минимумов. На *рис.11а* представлены среднегодовые и среднемесячные числа Вольфа. Разница между этими кривыми приведена на *рисунке 11б*:

$$w_a(t_m) = W_m(t_m) - Wy(t_m). \qquad (27)$$

Максимумы амплитуды функции $w_a(t_m)$ наблюдаются в эпохи максимумов 11-летних циклов и иногда достигают 50–60 единиц. В эпохи

20

минимумов отличия не более 10 единиц. Это косвенно подтверждает справедливость мультипликативного закона – произведение факторов, воздействующих на солнечную активность со стороны гигантов и планет земной группы. Для селекции фактора планет земной группы построим функцию:

$$w_m(t) \ = w_a(t_m)/Wy(t), \tag{28}$$

представленную на *рис.11в*. Она также мало пригодна для анализа, так как в ней доминируют эпохи минимумов (деление на ноль), что не соответствует их истинной значимости. Поэтому введем весовую функцию, выравнивающую амплитуды флуктуаций в эпохи минимумов и максимумов. На *рис.11г* приведена функция

$$w_n\rho(t)= \ w_m(t)\rho(t), \rho(t)=(Wy \ /maxWy)^{0.35}. \tag{29}$$

Функция $w_n \ \rho(t)$ достаточно регулярна и удобна для спектрального анализа.

12.   Фурье анализ

Для спектрального анализа используем функцию (5), построенную на базе отрезка ряда (1) на интервале 1935–1955 гг. и ряда (2) на интервале 1945–2009гг. На *рис.12* представлен спектр Фурье. Период первой гармоники Фурье 10.6866 лет. Всего Фурье гармоник 27. Период высокочастотной гармоники 0.3958 года. Основные результаты спектрального анализа приведены в *таб. 2*.

Таблица 2. Результаты Фурье анализа.

Фурье спектр чисел Вольфа					Планеты			
Гармоники		Амплитуды			Маршрут		Периоды биений (год)	
№	Период (год)	Ряд (1)	Ряд (2)	Макс 1, 2.	№	Последовательность планет	Низкочастот - ное	Высокочаст отное
27	0.3958	0.0673	0.0725*	0.07	№1	(56)(43)(32)(21)	0.379	0.366
26	0.4110	0.0699	0.0711	0.07	№2:	(5-6) (21)	0.403	0.389
25	0.4275	0.0861*	0.0488	0.09				
24	0.4453	0.0310	0.0502	Шум				
23	0.4646	0.0189	0.0159	Шум				
22	0.4858	0.0381	0.0089	Шум				
21	0.5089	0.0743*	0.0325	0.07	№3:	(56)(32)(21)		0.514
20	0.5343	0.0112	0.0574	0.06			0.539	

21

19	0.5625	0.0342	0.0766*	0.08				
18	0.5937	0.0522	0.0578	0.06				
17	0.6286	0.0523	0.0331	Шум				
16	0.6679	0.0704*	0.0500	0.07	№4:	(56) (42)(21)		0.676
15	0.7124	0.0414	0.0901*	0.09			0.721	
14	0.7633	0.0297	0.0386	Шум				
13	0.8220	0.0592	0.0462	0.06				
12	0.8906	0.1161*	0.0851*	0.08	№5:	(5-6) (42)		0.878
11	0.9715	0.0194	0.0176	Шум			0.954	
10	1.0687	0.0812*	0.0454*	0.08				
9	1.1874	0.0774	0.0191	0.08				
8	1.3358	0.0692	0.0565	0.07				
7	1.5267	0.0703*	0.0855*	0.09	№6:	(5-6) (32)		1.49
6	1.7811	0.0439	0.0430	Шум			1.72	
5	2.1373	0.0338	0.0121	Шум	№7:	(5-6) (43)		1.95
4	2.6717	0.0897*	0.0287	0.09			2.37	
3	3.5622	0.0593	0.0433	0.06				
2	5.3433	0.0643*	0.0457*	0.06	№8:	(56) (43) (32)		4.93
1	10.686	0.0579	0.0516	0.06			8.92	

Звездочкой * отмечены экстремумы спектра. Периоды экстремальных значений спектра близки к периодам смены конфигураций планетных пар и их биений. В спектрах Фурье особенно заметно влияние пар: Марс–Венера и Земля–Венера. Как отмечалось при анализе среднегодовых данных, существуют временные отрезки, где коэффициенты корреляции солнечной активности с конфигурациями планет положительны. Рядом с этими участками есть отрезки с отрицательным коэффициентом. Переключение происходит из-за мультипликативного эффекта. Следует учесть, что временные интервалы для анализа выбраны произвольно. Поэтому непосредственное воздействие очень сильных высокочастотных пар, таких как Венера–Меркурий, не проявилось в полной мере.

Кроме того, экстремальные значения в спектре соответствуют комбинационным частотам двух последовательно включенных пар: (Земля–Венера) + (Венера–Меркурий) и (Марс–Венера) + (Венера–Меркурий). Наибольшее значение имеют пары, у которых радиусы орбит отличаются в 2 раза: Марс–Венера и Венера–Меркурий. В соответствии со статистическим законом, функции $S_{24}(t)$ и $S_{12}(t)$ должны в значительной степени определять осцилляции среднемесячных данных. Действительно, в месячных данных заметны колебания с периодами 8 месяцев и 4 месяца.

13. 8-месячные осцилляции и конфигурации пары Марс – Венера

8-месячные колебания ряда Вольфа сопоставим с периодом функции $S_{24}(t)$. Как показал Фурье анализ, среднемесячные ряды Вольфа содержат много высокочастотных гармоник. Чтобы оценить вклад низкочастотного процесса $S_{24}(t)$, необходимо сгладить среднемесячные данные и получить среднеквартальный ряд. Можно было воспользоваться таблицей этого ряда, приведенной в [1], но удобнее сгладить среднемесячные данные методом скользящего среднего. На *рис.13* представлены среднемесячные данные, сглаженные по 4 точкам и функция:

$$R_{24}(t) = Wy(t)[1 + 0.3sin(\varphi_{24}(t) - \varphi_{56}(t) - \pi/4)]. \qquad (30)$$

В соответствии с аддитивным законом, функция (30) содержит два слагаемых: одно обусловлено планетами-гигантами и другое, модулированное воздействием пары Марс–Венера. Структура второго слагаемого – следствие мультипликативного закона.

Как видно из *рис.13,* кривая (30) является огибающей среднеквартальных данных. Она хорошо воспроизводит положение и значения экстремумов. Это означает, что пара планет, не имеющих магнитного поля, масса которых на порядки меньше гигантов, эффективно (30%) модулирует влияние Юпитера и Сатурна. Заметим, что в эпохи минимумов 11-летнего цикла осцилляции, создаваемые планетами земной группы, имеют место, но их амплитуда не превышает 10 чисел Вольфа.

14. Высокочастотные колебания и конфигурации пары Венера–Меркурий

Высокочастотные осцилляции определяются конфигурацией пары Венера–Меркурий. Причем эта пара выступает и как самостоятельный фактор, и как результат совместного действия с парами Марс–Венера, Марс–Земля, Земля–Венера. Наибольший вклад дает пара Марс–Венера. В соответствии со статистическими законами, эта пара осуществляет мультипликативное действие с предыдущей парой:

$$R_{12}(t)=R_{24}(t)[1+0.15sin(\varphi_{12} - (\varphi_{24}- \varphi_{56})- \pi/4)] \qquad (31)$$

На *рис.14* представлена функция (31). Она близка по частоте и размаху амплитуды к среднемесячной зависимости. Экстремумы функции $R_{12}(t)$ и $W_m(t)$ в основном совпадают. Таким образом, учет только этих двух пар планет позволяет качественно воспроизвести среднемесячные зависимости планет и биений, представленных в *таб.2*. Для более качественного воспроизведения воспользуемся *аддитивно-мультипликативной моделью* разработанной выше.

15.   Модель, аппроксимирующая среднемесячные данные

Фурье анализ показал, что наиболее существенны гармоники с частотами:

$$\omega_{12}=2\,\pi/T_{12}; \quad \omega_{24}=2\,\pi/T_{24}; \quad \omega_{34}=2\,\pi/T_{34} ; \quad \omega_{23}=2\,\pi/T_{23} \qquad (32)$$

и комбинационные частоты:

$$\omega_{123}=\omega_{12} -\omega_{23}; \; \omega_{124}= \omega_{12}-\omega_{24}; \; \omega_{234}= \omega_{23}- \omega_{34}; \; \omega_{1234}=\omega_{12} - \omega_{23} - \omega_{34}. \qquad (33)$$

Планеты земной группы участвуют в мультипликативном процессе с планетами-гигантами. Кроме частот (32) и (33), необходимо учитывать комбинационные частоты с гармониками (23).

Минимизируем функционал:

$$V(c_o,a_i,b_i) = \int_{T_{\max}} (w_m(t) - r_m(t))^2 \rho(t)dt \qquad , \qquad (34)$$

где функция $w_m(t)$ определена соотношением (29), $r_m(t)$ – искомая функция:

$$r_m(t) = c_o + \sum_i a_i \cos(\omega_i t) + b_i \sin(\omega_i t) \qquad (35)$$

c_o, a_i, b_i – искомые коэффициенты. Интегрирование в соотношении (35) осуществляется в пределах области определения функции $w_m(t)$. Весовая функция $\rho(t)$ определена в соотношении (29).

Оптимизация квадратичной формы (34) достигается решением системы линейных уравнений:

$$\frac{\partial}{\partial(c_o, a_i, b_i)} V(c_o, a_i, b_i) = 0 \qquad (36)$$

Решение является единственным, так как квадратичная форма (34) имеет единственный экстремум. После того, как определены коэффициенты c_o a_i b_i функции $r_m(t)$, осуществим переход к функции $R_m(t)$ в соответствии с соотношением:

$$R_m(t) = Wy(t)[r_m(t)+1] \qquad (37)$$

На *рис.15* точками отмечены среднемесячные североамериканские числа Вольфа, решение задачи аппроксимации (34) представлено сплошной линией. *Рис.15* демонстрирует удовлетворительное качество аппроксимации месячных данных в окрестности максимумов 18–23 циклов. Положения максимумов и минимумов этих двух кривых практически совпадают. Как правило, довольно близки и амплитуды максимумов. Существенные различия, когда максимум одной кривой совпадает с минимумом другой, имеют место в эпохи минимума, на затянутом хвосте 11-летнего цикла, но таких отличий не более 8% от числа экстремумов. Ухудшение качества воспроизведения эпохи минимума обусловлено поведением весовой функции (29). Эпохи максимумов воспроизведены практически идеально.

16. Прогнозирование месячных осцилляций солнечной активности

Ранее рассматривалась экстраполяция среднегодовых рядов Вольфа. В результате было построено аналитическое продолжение функции $Wy(t)$. Коэффициенты c_o, a_i, b_i, являющиеся решением системы (36) на интервале 1945–2009 гг., позволяют построить аналитическую функцию $r_m(t)$ и продолжить ее значения на прогнозируемый период. Используя аналитические продолжения функций $Wy(t)$ и $r_m(t)$, по формуле (34) вычисляем среднемесячный прогноз чисел Вольфа. Результаты представлены на *рис.16*.

Коэффициенты c_o, a_i, b_i и функция $Rm(t)$ вычислены по североамериканским данным от 1945 по 2009 гг.

17.   Физическая интерпретация статистических законов

Модель динамики солнечной активности, построенная на базе статистических законов, показала высокое качество воспроизведения рядов Вольфа функциями, аргументами которых являются долготы планет. Это заставляет задуматься над физическим механизмом, связывающим расположение планет с циклической деятельностью Солнца. Магнитный цикл Хэйла и сам характер этих законов указывают на их электромагнитную первопричину, на неизвестные потоки заряженных частиц. Трудно экспериментально зафиксировать эти слабые нисходящие потоки на фоне мощных высокоэнергетических заряженных частиц, выбрасываемых Солнцем со скоростями сотни километров в секунду. Мощные потоки солнечного ветра покидают солнечную систему, взаимодействуя с магнитными полями планет. Но нас интересуют медленные частицы, энергия которых столь мала, что они, не отлетев далеко от Солнца, останавливаются в межпланетном пространстве (МП). Неподвижные частицы не взаимодействуют с магнитосферами планет, но заполняют МП и частично увлекаются на орбиты вокруг планет. Взаимодействие орбитальных частиц между собой и с соседними планетами приводит к их частичному рассеянию, выбросу частиц за пределы солнечной системы и возвращению другой группы частиц с периферии в околосолнечное пространство. Эта группа образует нисходящие потоки. Известны как потоки заряженных частиц, движущиеся от Солнца, так и нисходящие потоки к Солнцу. Потоки частиц от Юпитера в направлении Солнца регулярно регистрируются с 60-х годов [13, 14, 15]. Связь нисходящих потоков заряженных частиц с солнечной активностью исследуется, в частности, в работе [16].

17.1 Медленные частицы в гравитационном поле пары планет

В формировании нисходящих потоков могут участвовать магнитные и гравитационные поля планет. Проведенные статистические исследования показали, что поодиночке планеты не влияют на солнечный цикл. Исключение составляет Меркурий, движущийся по эксцентричной орбите, имеющей значительный наклон к плоскости эклиптики [7]. Планетные пары практически формируют солнечные циклы со всеми характерными особенностями. Причем характер этого воздействия не зависит от напряженности магнитного поля планет, его ориентации, оси вращения планеты. Статистический закон планетных пар действует одинаково, как для планет-гигантов, так и планет земной группы, независимо от наличия магнитного поля или его отсутствия. Для всех планет закономерность одна и та же – гладкая функция от разности гелиоцентрических координат планет с экстремумами при 45° и 225°. Максимальное воздействие под углом 45° является довольно странным фактом. Гравитационное и кулоновское воздействия максимальны, когда тела находятся на одной прямой. Электромагнитные законы Фарадея приводят к углу 90°. Угол 45° характерен для спирального движения и нередко фигурирует в гидродинамических процессах. Наиболее вероятно, что планеты участвуют в процессе управления потоками холодных заряженных частиц. Такая общность может быть объяснена только одинаковой причиной воздействия планет на потоки заряженных частиц – гравитацией. Гравитация является универсальным фактором, и не зависит от природы планет, положения оси вращения и других характеристик.

Авторами был проведён математический анализ дрейфа (в гравитационном поле планетной пары) некоторой группы холодных частиц, чьи орбиты лежат за орбитами рассматриваемой планетной пары, а скорости таковы, что они в конце концов захватываются гравитационным полем Солнца. Эти частицы могут двигаться как по часовой стрелке, так и против. Имеется некоторая асимметрия концентрации частиц, движущихся по и против часовой стрелки, обусловленная, например, вращением Солнца.

Траектории движения частиц в гравитационном поле двух планет (J и S) иллюстрирует *рис.17*. Планеты движутся по круговым орбитам радиусов R_J и R_S. Было принято, что в соответствии с законом Тициуса-Боде для пар соседних планет выполняется с удовлетворительной точностью условие удвоения их радиусов.

На *рис.17* изображена плоскость эклиптики в декартовой прямоугольной системе координат *X0Y*; её начало (0) совпадает с Солнцем, ось *0X* проходит через планету *S*, разность долгот двух планет составляет 45°. Было принято, что на периферии частиц, движущихся по часовой стрелке, больше, чем во встречном потоке. Поток частиц ограничен концентрическими окружностями D_1 и D_2. В точке B_1 частицы с Солнечной орбиты D_1 переходят на орбиту вокруг планеты S. На другую орбиту вокруг планеты S в точке B_2 переходят частицы с орбиты D_2. Обе орбиты вокруг планеты S касаются орбиты вокруг планеты J в точках A_1 и A_2. Гравитационное поле планеты J захватывает часть частиц с орбит вокруг планеты S и в точках A_1 и A_2 переводит их на орбиту вокруг J; причём частицы из точки A_1 движутся по орбите против часовой стрелки, а те, что прошли через точку A_2, формируют встречный поток. Оба потока в точке C переходят на околосолнечную орбиту радиуса r_c и движутся по встречным направлениям. При этом 1-й поток на орбите радиуса r_C формирует токовое кольцо, закрученное по часовой стрелке, а 2-й – против. Направления потоков частиц по этой орбите сменятся на противоположные при изменении преимущественного направления движения периферического потока.

Потенциальная энергия частиц 1-го и 2-го потоков, а следовательно, их скорость, определяются удалённостью от Солнца точек A_1 и A_2. Кинетическая энергия частиц кольцевого околосолнечного тока обуславливается разностью гелиоцентрических координат планет за вычетом угла 45°. Кольцевой ток индуцирует компоненту магнитного поля, в поверхностных слоях солнечной плазмы.

Анализ гармонических процессов показал, что они недостаточно когерентны (синфазны). Это даёт основание предположить существование нелинейных мультипликативных процессов. Но уравнения Максвелла и ньютоновская гравитация линейны! В то же время в радиотехнике широко распространены приборы с нелинейными характеристиками. Прежде всего, это модуляторы, обеспечивающие амплитудную, фазовую или частотную модуляцию несущей частоты. Математически этот процесс может быть выражен как произведение двух функций. Технически – это усиление высокочастотного сигнала усилителем, управляемым низкочастотным модулирующим сигналом. Можно считать, что механизм формирования солнечных циклов подобен электрическому устройству, состоящему из четырёх генераторов, включённых по последовательно-параллельной схеме. Генераторами гармоник являются пары соседних планет. Электрическим агентом служит плазма – солнечные протоны. Низкочастотные гармоники модулируют высокочастотные. В результате когерентность высокочастотных гармоник ухудшается, в их спектре появляются суммарные и разностные частоты, процесс становится полигармоническим.

17.2. Многокаскадное формирование потоков частиц

Если в планетной системе имеется несколько пар планет, то появляется возможность действия двух разных механизмов перехода частиц с периферии к центру. Первый – *аддитивный*. Он заключается в том, что потоки, направляемые каждой парой, просто складываются с учетом знака и формируют суммарный околосолнечный кольцевой ток. Второй механизм – *мультипликативный*, заключающийся в многокаскадном переходе частиц с одной периферической солнечной орбиты на другую. Внешняя пара переводит частицы с периферии Солнечной системы на орбиту, радиус которой больше, чем расстояние до Солнца планет второй пары. Вторая пара осуществляет переход частиц в околосолнечное пространство. Так формируется *мультипликативный процесс*.

Оценим роль высокочастотных и низкочастотных биений на примере векового цикла. В основном вековой цикл определяется функцией $S_{78}(t)$, период которой совпадает с периодом функции $\varphi_{78}(t)$. Нелинейное воздействие тысячелетнего цикла приводит к двум гармоническим функциям:

$$\sin(\varphi_{78}(t) - \varphi_x(t) - \pi/4) \text{ и } \sin(\varphi_{78}(t) + \varphi_x(t) - \pi/4).$$

Суммарная компонента биений порождает частицы с большой энергией, которые концентрируются на удаленных от Солнца орбитах. На солнечную активность наибольшее влияние оказывают потоки частиц, попадающих на ближайшие к Солнцу орбиты. То есть наиболее важны разностные долгопериодические компоненты биений:

$$\sin[(\varphi_{78}(t) - \varphi_x(t) - \pi/4].$$

То же самое можно сказать об 11-летнем цикле, определяемом:

$$\sin[\varphi_{56}(t) - (\varphi_{78}(t) - \varphi_x(t)) - \pi/4],$$

и 50-летними осцилляциями:

$$\sin[\varphi_{67}(t) - (\varphi_{78}(t) - \varphi_x(t)) - \pi/4]$$

Это позволило построить простейшую аппроксимацию ряда Вольфа, учитывающую только разностные комбинационные частоты.

18. Звездная активность и экзопланеты

Убедившись, что Солнечная активность управляется планетами, отметим, что основой динамики являются планеты-гиганты Юпитер и Сатурн. Эти планеты расположены довольно далеко от Солнца, а что было бы, если они были на орбите Меркурия и Венеры?

Исследования, проводимые с помощью телескопа «Кеплер», позволили обнаружить компактные системы планет-гигантов, которые выглядят как огромные темные пятна на фотосферах звезд. Японские исследователи обработали данные, измеренные космическим телескопом[17]. Всего просмотрено 83 000 звезд Солнечного типа между созвездиями Лиры и Лебедя. Были открыты 365 мощнейших проявлений звездной вспышечной активности. 146 вспышек превосходили Кэррингтоновскую по крайней мере на порядок, а рекордная энергия одной вспышки составила 10^{36} эрг, т.е. превысила все, что наблюдалось на Солнце в 10 000 раз.

Ясно, что в такой планетной системе вероятность обнаружения углеродной жизни весьма мала. Следовательно, при оценке пригодности экзопланеты для жизни наряду с температурными факторами, обусловленными нахождением планеты на расстоянии ~ 1 а.е. необходимо учитывать и радиационную вспышечную активность.

19. Заключение

Открыты статистические законы, управляющие солнечной активностью, которые определяют амплитуду и фазу цикла в зависимости от гелиоцентрических долгот планет. Выяснено, что на солнечную активность влияют не отдельные планеты, а планетные пары, точнее, их конфигурации. Влияние нескольких пар осуществляется как аддитивно, так и мультипликативно, т.е. амплитуда цикла определяется суммой и произведением тригонометрических функций, а частота – разностью частот конфигураций планетных пар, что позволило построить планетную аддитивно-мультипликативную модель солнечной активности. Модель позволяет воспроизводить ряд Вольфа с такой высокой точностью, о которой не сообщалось ни в одном исследовании. Аргументами функций являются разности гелиоцентрических долгот планетных пар.

Модель пригодна для экстраполяции ряда Вольфа вне отрезка, на котором известны среднегодовые числа Вольфа. Расчеты хорошо согласуются с результатами радиоуглеродного анализа колец деревьев и другими геофизическими данными. Аналитическое продолжение позволяет заглянуть в будущее и создать новый метод долгосрочного прогноза солнечной активности. Последнее особенно важно, так как придает многочисленным работам по солнечно-земным связям прогностическую силу.

Предложен физический механизм солнечных циклов, заключающийся в формировании планетными парами и их комбинациями нисходящих потоков медленных заряженных частиц, то есть движущихся обратно к Солнцу.

Магнитные поля, создаваемые потоками частиц, интегрируются в солнечной плазме и участвуют в создании дипольного меридионального поля Солнца, которое, используя энергетику дифференциального вращения Солнца (по Бэбкоку), провоцирует возникновение биполярных магнитных групп, а также других проявлений солнечного цикла. Следовательно, действуют оба механизма солнечной активности – эндогенный, обеспечивающий энергетику цикла с помощью дифференциального вращения, и планетный, управляющий потоками заряженных частиц, который синхронизирует динамику дипольного магнитного поля Солнца и солнечные циклы.

Литература

1. Ю.И. Витинский, *Цикличность и прогнозы солнечной активности*, Л. изд. Наука, 1973г.

2. H. Schwabe, Astr. Nachr., **21**, 333, 1844.

3. G. Sporer, Publ. Astr. Obs. Potsdam, 10, 144, 1894.

4. C.E. Hale, Ap. J., 38, 27, 1913.

5. Ю.И. Витинский, М. Копецкий, Г.В. Куклин, *Статистика пятнообразовательной деятельности Солнца,* М. 1986, Гл. ред. Физ.-мат. литературы.

6. Л.В. Жуков, Ю.С. Музалевский, АЖ, 46, 1969, с. 600.

7. E.K. Bigg, Astron. J. 1967, v .72, # 4 p., 463-466.

8. Дж. Эдди , *«Исторические свидетельства существования цикла солнечной активности»* в книге *«Поток энергии Солнца и его измерение»,* Мир, М. 1980.

9. K. Petrovay, *Solar Cycle Prediction,* arXiv:1012.5513 [pdf, ps, other]

10. H. Kimura, M. N., 73, 543, 1913.

11. Ю.И. Витинский, *Прогнозы солнечной активности*, Л. Изд. Наука, 1963г.

12. http://www.side/be

13. McDonald et al. *Geophys Res.*, 77, 2213 (1972),

14. B.J. Teegarden et al. *Geophys Res.*, 79, 3615 (1974),

15. C.F.Kennel, F.V.Corontiti , *Ann. Rev. Astron. Astrophys.*, 15, 389 (1977),

16. И.Ф. Никулин, *Влияют ли планеты на солнечную активность? Сб. Циклы активности на Солнце и звездах*, стр. 271-274, изд. ГАИШ, М, 2012.

17. Hiroyuki Maehara, и др. *Superflares on solar-type stars, Nature* 485, 478, 24 May 2012.

Рис. 1. Средние значения функции *H(t)* (отмечены *) в зависимости от разности гелиоцентрических координат Юпитера и Сатурна $\varphi_{5,6}$. Верхний график - результат усреднения на интервале 1878 – 2000 гг. Нижний - на интервале 1800-1878 гг. Сплошные кривые – результат сглаживания.

Рис. 2. Функции $R_1(t_{max2N-1})$ =sin ($\varphi_{56}(t_{max2N-1})$- $\pi/4$) для нечетных циклов (сплошная линия), $R_2(t_{max2N})$ =sin ($\varphi_{56}(t_{max2N})$- $\pi/4$) для четных циклов (линия с точками).

Рис. 3. 50-летние осцилляции, вековой и тысячелетний циклы: *a)*(верхний рис.): точки – максимальные значения 11-летних циклов $W_{max}(t)$, сплошная линия $Y_{200}(t)$ – двух вековой цикл, жирная линия – тысячелетний цикл $M_{1000}(t)$; *б)* (средний рис.): зависимость от времени 50 летнего цикла; *в)* (нижний рис.): суммарная кривая тысячелетнего, векового и полувекового цикла – аналитическая аппроксимация зависимости $W_{max}(t)$

Рис. 4. Спектр Фурье функции *H(t)*, определенной на интервале 1100-2009 гг. Хорошо видны хэйловский − XX, двухвековой циклы С, полувековая осцилляция L. Заметен тысячелетний цикл М.

Рис. 5. Среднегодовые числа Вольфа обозначены точками. Простейшая планетная модель солнечной активности на 600-летнем интервале (сплошная линия).

Рис. 6. На верхнем рисунке – планетная аддитивно-мультипликативная модель ряда Вольфа R(t) на временном интервале 1801 – 2010 гг. (сплошная линия). Среднегодовые значения ряда Вольфа отмечены точками. На нижнем рисунке приведены амплитуды 40 гармоник. По оси абсцисс отложены периоды гармоник. Масштаб логарифмический.

Рис. 7. На рисунке планетная аддитивно-мультипликативная модель ряда Вольфа *R(t)* на интервале с 1090 по 2010 гг

Рис. 8. Решение системы уравнений на интервале 1090-2009 гг. По оси ординат - нормированные амплитуды гармоник. По оси абсцисс отложены периоды гармоник.

Рис. 9. Экстраполяции ряда Вольфа с помощью планетной аддитивно-мультипликативной модели (сплошная линия). Амплитуды гармоник те же, что и на рис. 8. Ступеньками отмечены отдельные значения ряда Шов (W>100) с окрестностями, обусловленными статистическими погрешностями положения максимума

Рис. 10. Прогноз солнечной активности на ближайшие годы с помощью оптимальной модели (сплошная линия). Амплитуды гармоник – те же, что и на рис. 8. Столбики – известные среднегодовые значения чисел Вольфа.

Рис. 11. *а)* (верхний рисунок) – среднемесячные и среднегодовые ряды Вольфа; *б)* (следующий рисунок) – их разность; *в)* (третий рисунок) – разность нормированная к среднегодовым значениям; *г)* (нижний рисунок) – взвешенная нормированная разность.

Рис. 12. Нижний рисунок – спектр Фурье нормированной взвешенной разности среднемесячных и среднегодовых рядов Вольфа. Верхние рисунки – среднемесячный ряд Вольфа (линия с точками) и результат обратного преобразования Фурье (сплошная линия).

Рис. 13. Среднеквартальные данные, полученные путем сглаживания методом скользящего среднего месячных рядов Вольфа (линия с точками). Произведение среднегодового ряда Вольфа на функцию $S_{24}(t)$ (сплошная линия)

Рис. 14. Среднемесячный ряд Вольфа (линия с точками). Произведение среднегодового ряда Вольфа и суммы $(S_{12}+S_{24})$.

Рис. 15. Среднемесячный ряд Вольфа (линия с точками) и его воспроизведение с помощью модели (сплошная линия).

Рис. 16. Среднемесячный ряд Вольфа (кривая с точками). Воспроизведение ряда Вольфа с помощью модели и аналитическое продолжение до 2050 года (сплошная линия).

Рис. 17. Траектории движения двух потоков заряженных частиц в гравитационном поле пары планет *J* и *S*

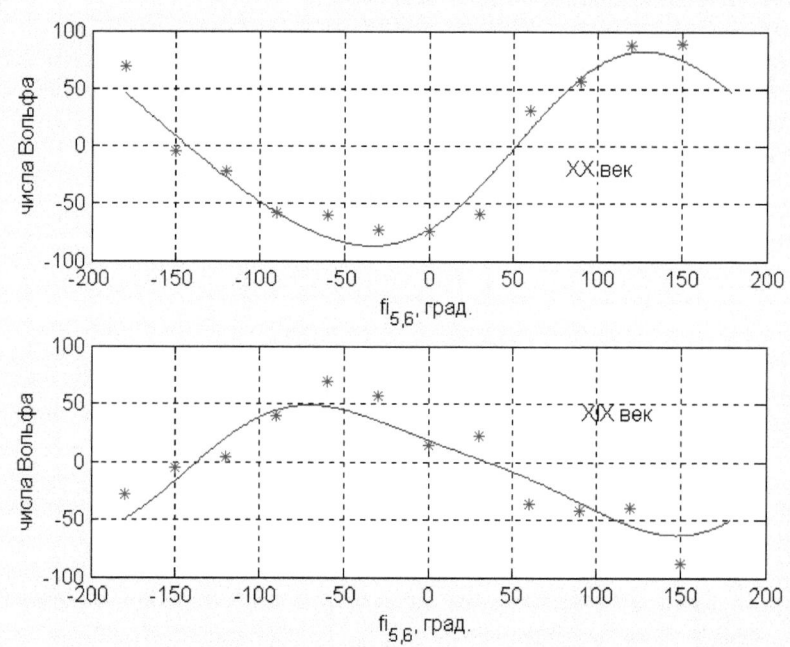

Рис. 1. Средние значения функции *H(t)* (отмечены *) в зависимости от разности гелиоцентрических координат Юпитера и Сатурна $\varphi_{5,6}$. Верхний график − результат усреднения на интервале 1878 – 2000 гг. Нижний − на интервале 1800-1878 гг. Сплошные кривые – результат сглаживания.

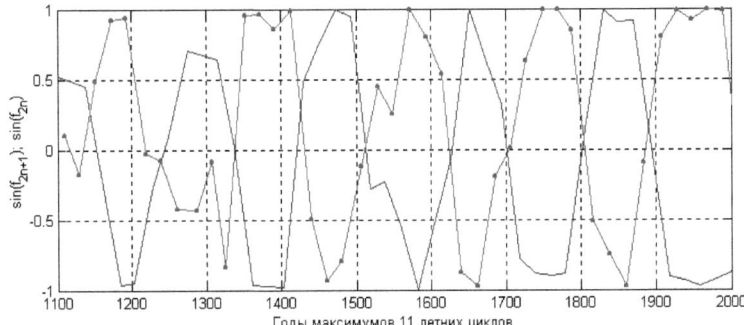

Рис. 2. Функции $R_1(t_{max2N-1}) = \sin(\varphi_{56}(t_{max2N-1}) - \pi/4)$ для нечетных циклов (сплошная линия), $R_2(t_{max2N}) = \sin(\varphi_{56}(t_{max2N}) - \pi/4)$ для четных циклов (линия с точками).

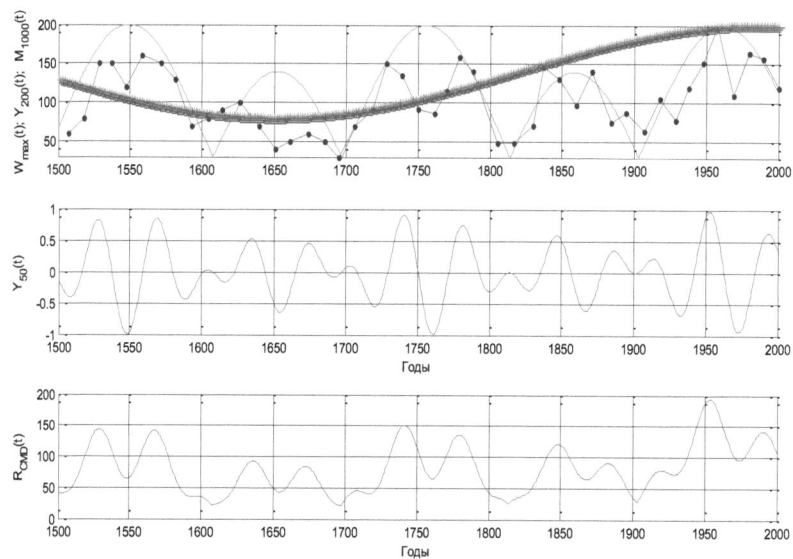

Рис. 3. **50-летние осцилляции, вековой и тысячелетний циклы:** *а)* (верхний рис.): точки – максимальные значения 11-летних циклов $W_{max}(t)$, сплошная линия $Y_{200}(t)$ – двух вековой цикл, жирная линия – тысячелетний цикл $M_{1000}(t)$; б) (средний рис.): зависимость от времени 50-летнего цикла; *в)* (нижний рис.): суммарная кривая тысячелетнего, векового и полувекового цикла – аналитическая аппроксимация зависимости $W_{max}(t)$

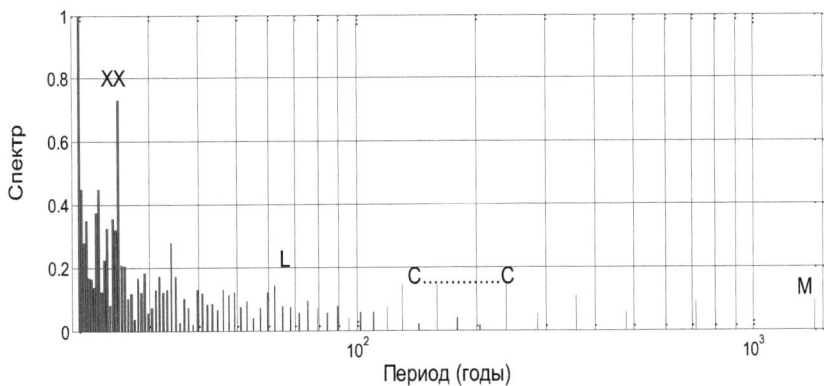

Рис. 4. Спектр Фурье функции *H(t)*, **определенной на интервале 1100-2009 гг. Хорошо видны хэйловский XX, двухвековой циклы C, полувековая осцилляция L. Заметен тысячелетний цикл M.**

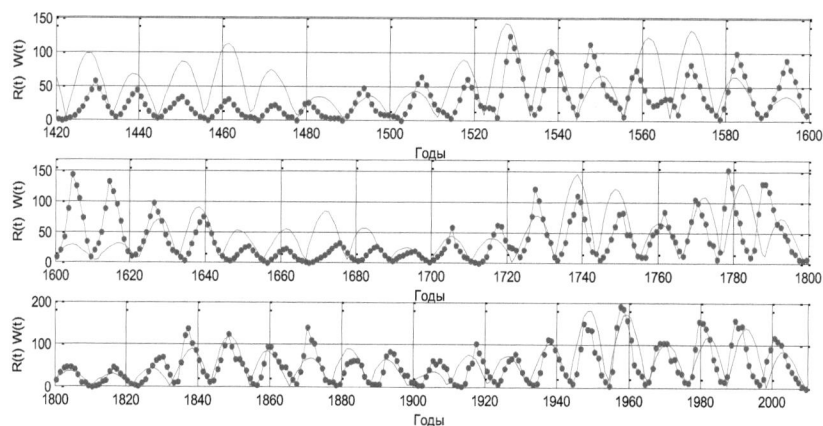

Рис. 5. Среднегодовые числа Вольфа обозначены точками. Простейшая планетная модель солнечной активности на 600-летнем интервале (сплошная линия).

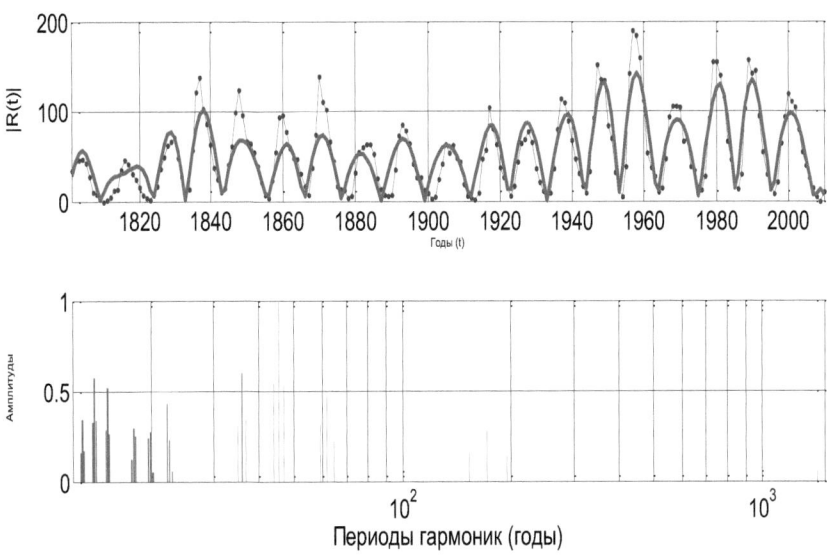

Рис. 6. На верхнем рисунке – планетная аддитивно-мультипликативная модель ряда Вольфа R(t) на временном интервале 1801 – 2010 гг. (сплошная линия). Среднегодовые значения ряда Вольфа отмечены точками. На нижнем рисунке приведены амплитуды 40 гармоник. По оси абсцисс отложены периоды гармоник. Масштаб логарифмический.

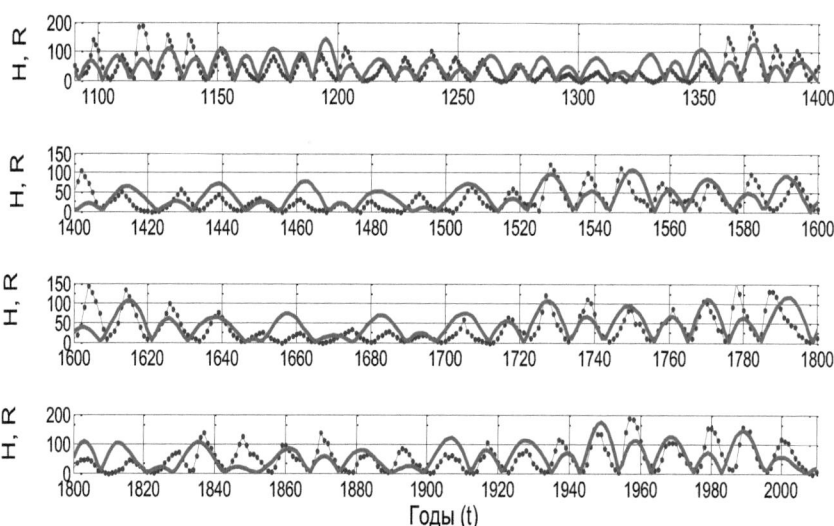

Рис. 7. На рисунке планетная аддитивно-мультипликативная модель ряда Вольфа *R(t)* на интервале с 1090 по 2010 гг

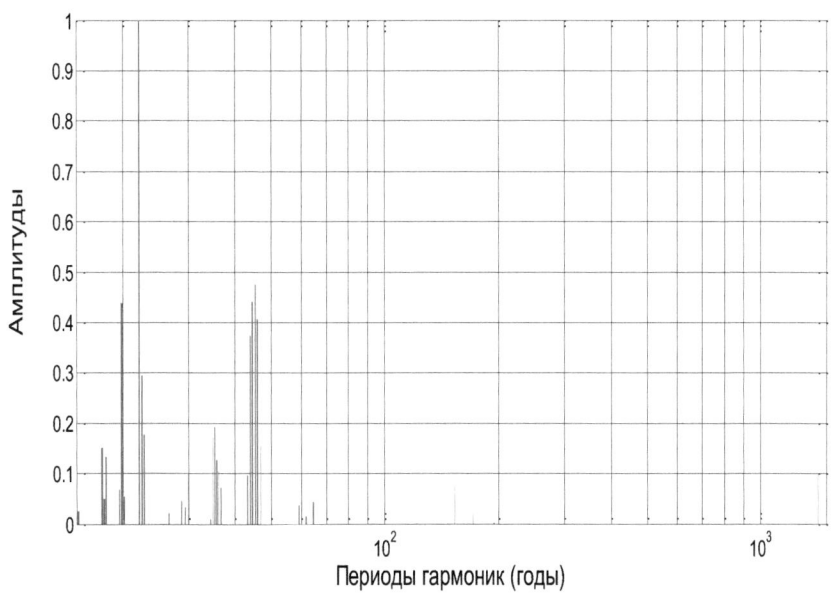

**Рис. 8. Решение системы уравнений на интервале 1090-2009 гг. По оси ординат —
нормированные амплитуды гармоник. По оси абсцисс отложены периоды гармоник.**

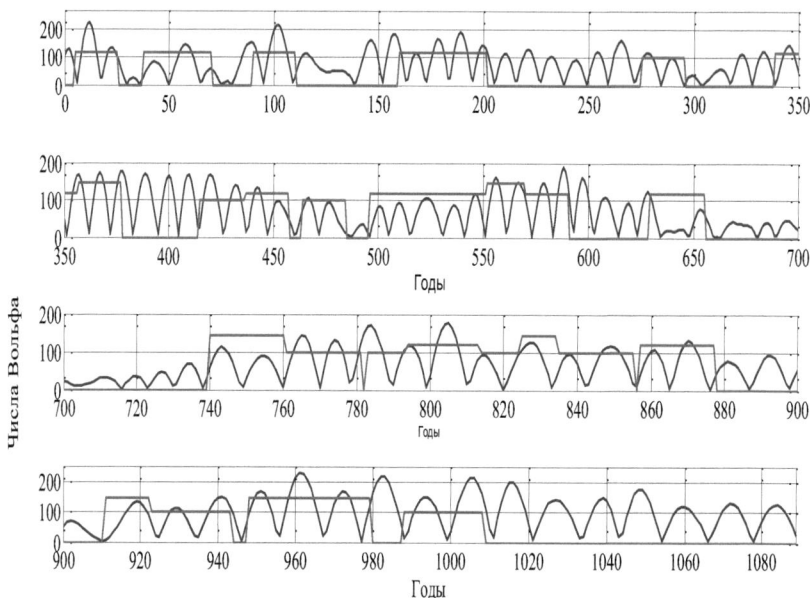

Рис. 9. Экстраполяции ряда Вольфа с помощью планетной аддитивно-мультипликативной модели (сплошная линия). Амплитуды гармоник те же, что и на рис. 8. Ступеньками отмечены отдельные значения ряда Шов (W>100) с окрестностями, обусловленными статистическими погрешностями положения максимума

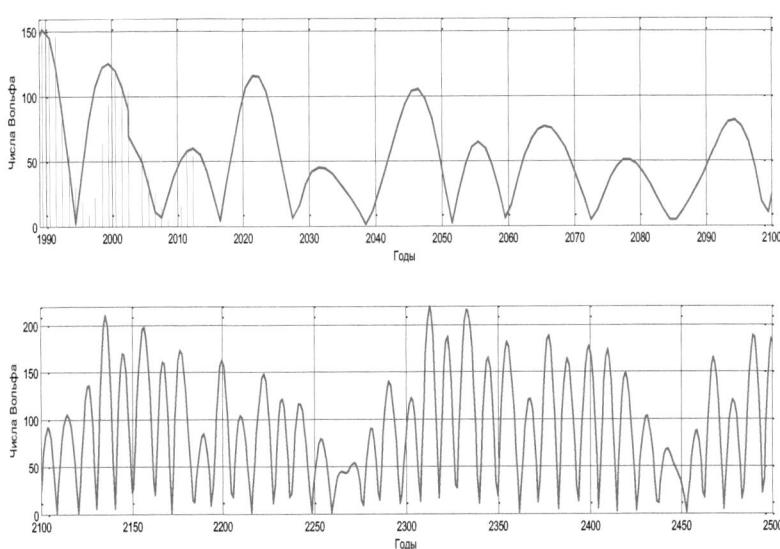

Рис. 10. Прогноз солнечной активности на ближайшие годы с помощью оптимальной модели (сплошная линия). Амплитуды гармоник – те же, что и на рис. 8. Столбики – известные среднегодовые значения чисел Вольфа.

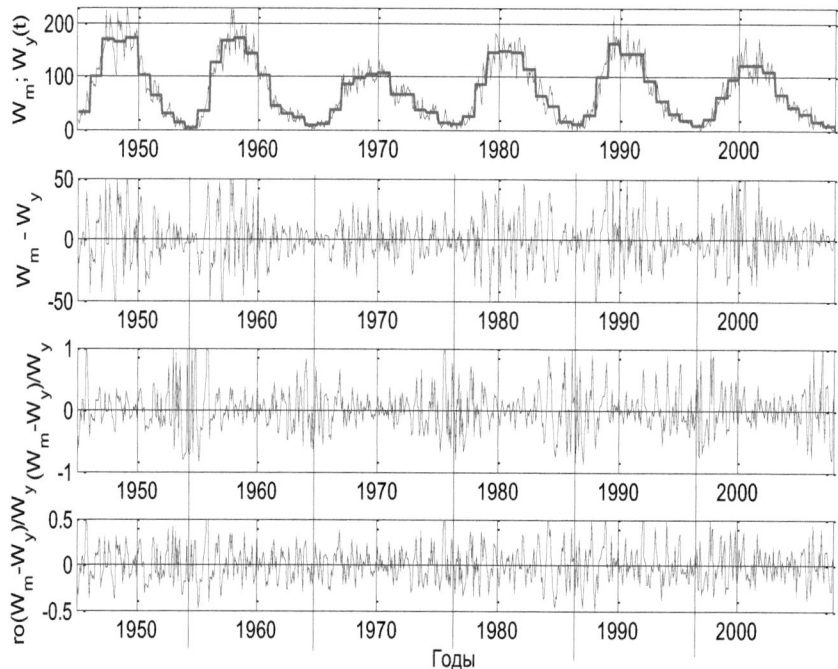

Рис. 11. *а)* (верхний рисунок) – среднемесячные и среднегодовые ряды Вольфа; *б)* (следующий рисунок) – их разность; *в)* (третий рисунок) – разность нормированная к среднегодовым значениям; *г)* (нижний рисунок) – взвешенная нормированная разность.

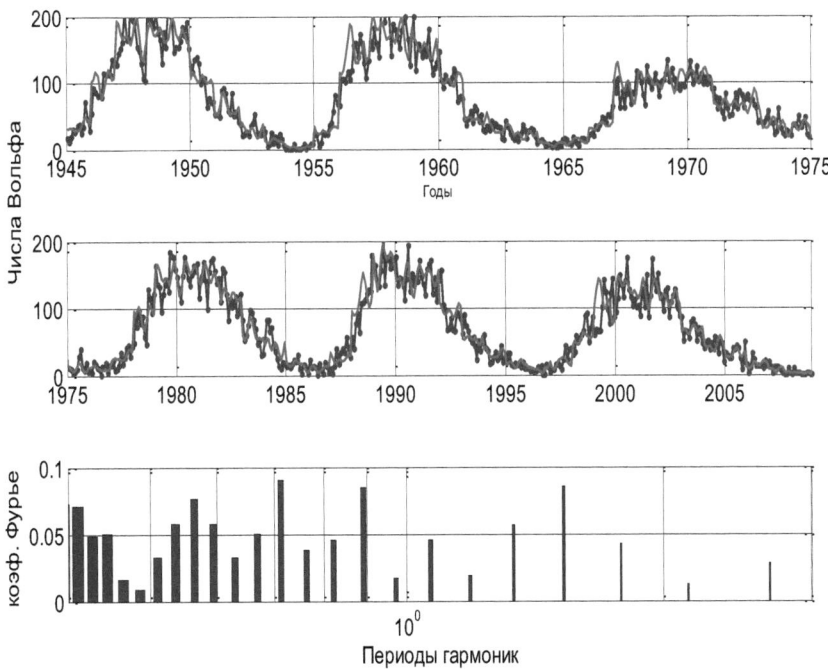

Рис. 12. Нижний рисунок – спектр Фурье нормированной взвешенной разности среднемесячных и среднегодовых рядов Вольфа. Верхние рисунки – среднемесячный ряд Вольфа (линия с точками) и результат обратного преобразования Фурье (сплошная линия).

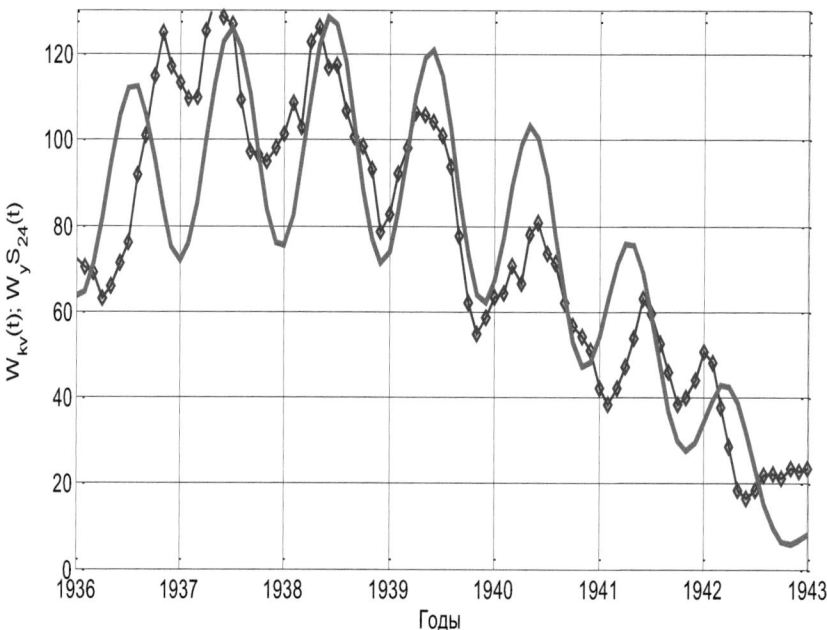

Рис. 13. Среднеквартальные данные, полученные путем сглаживания методом скользящего среднего месячных рядов Вольфа (линия с точками). Произведение среднегодового ряда Вольфа на функцию $S_{24}(t)$ (сплошная линия)

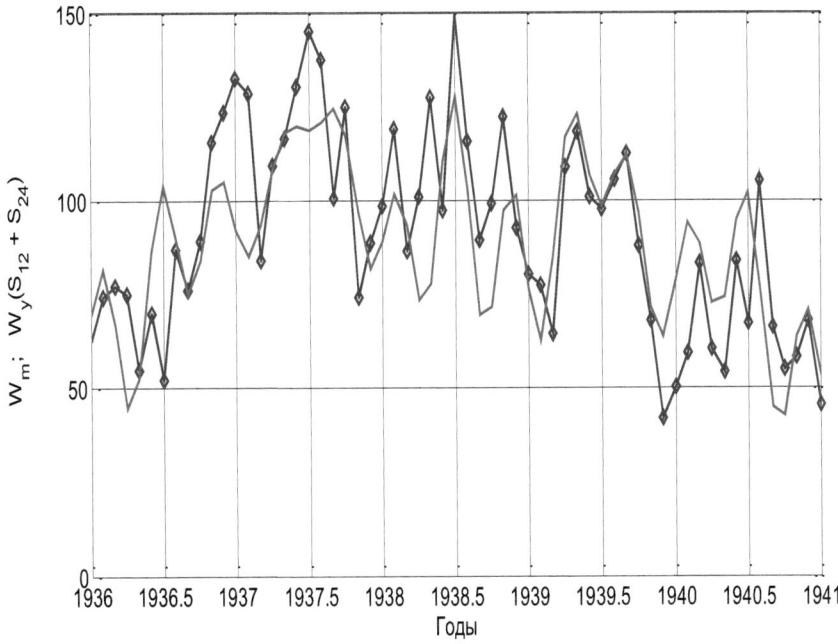

Рис. 14. Среднемесячный ряд Вольфа (линия с точками). Произведение среднегодового ряда Вольфа и суммы *(S₁₂+S₂₄)*.

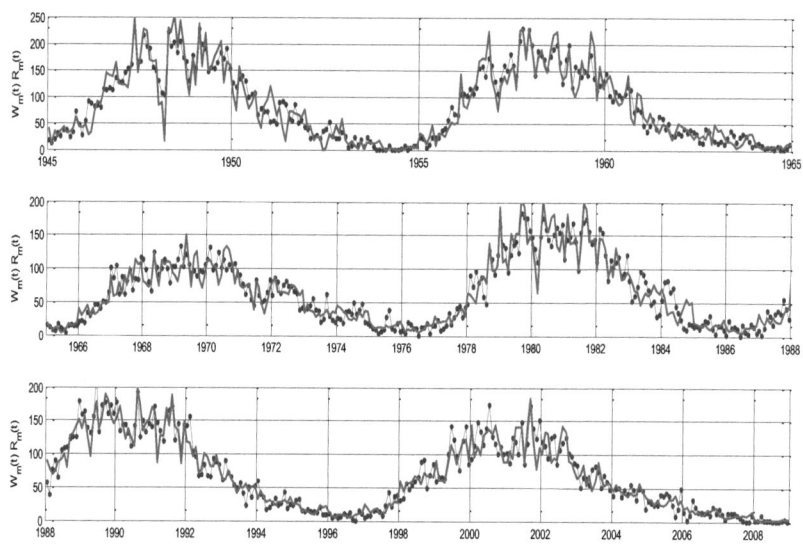

Рис. 15. Среднемесячный ряд Вольфа (линия с точками) и его воспроизведение с помощью модели (сплошная линия).

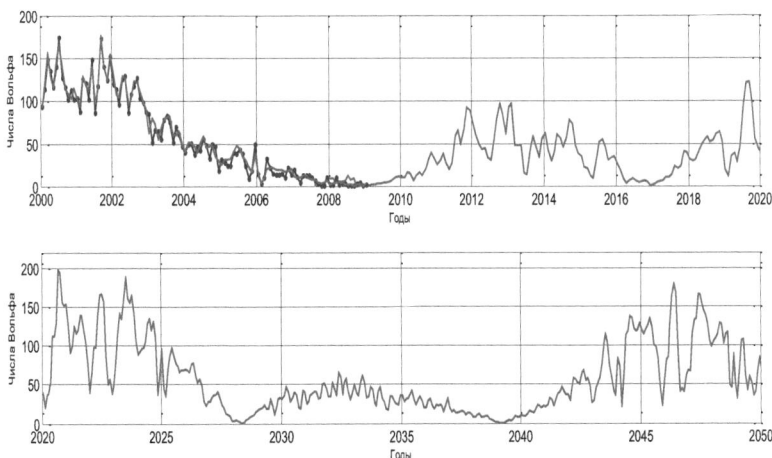

Рис. 16. Среднемесячный ряд Вольфа (кривая с точками). Воспроизведение ряда Вольфа с помощью модели и аналитическое продолжение до 2050 года (сплошная линия).

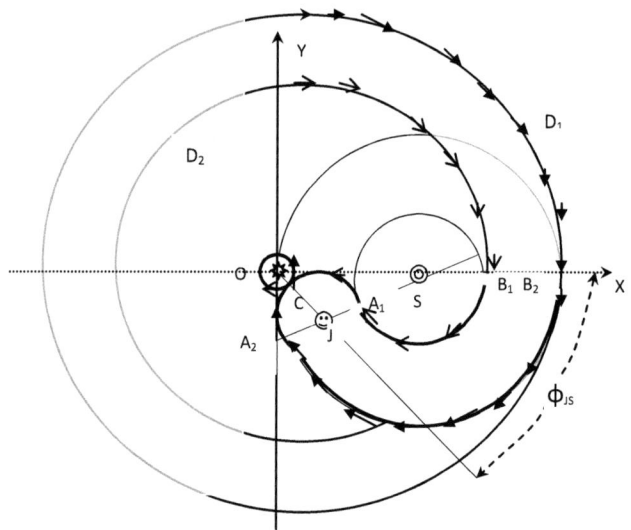

Рис.17. Траектории движения двух потоков заряженных частиц в гравитационном поле пары планет *J* и *S*

Printed by Books on Demand GmbH, Norderstedt / Germany